★ 점을 따라가면 세계 상식이 쏙쏙!

점잇기
세계여행 ✈

스마트베어

✈ 차례

📍 **영국**   빅 벤 / 타워 브리지 / 이층 버스 ·· 4

📍 **독일**   쾰른 대성당 / 브란덴부르크 문 / 노이슈반슈타인 성 ············· 8

📍 **이탈리아** 피사의 사탑 / 산타 마리아 델 피오레 대성당 / 베네치아 곤돌라 / 콜로세움 ······· 12

📍 **프랑스**   에펠 탑 / 루브르 박물관 / 모나리자 / 에투알 개선문 ············· 18

📍 **에스파냐** 사그라다 파밀리아 대성당 / 투우 / 플라멩코 ···················· 24

📍 **그리스**   파르테논 신전 / 산토리니 섬 ···································· 28

📍 **핀란드**   우스펜스키 성당 / 산타클로스 마을 ··························· 32

📍 **러시아**   성 바실리 성당 / 볼쇼이 극장 / 마트료시카 ···················· 36

📍 **튀르키예** 카파도키아 바위 유적 / 아야 소피아 / 트로이 목마 ··········· 40

📍**이집트** 피라미드 / 스핑크스 / 낙타 —————————————————————— 44

📍**캐나다** CN 타워 / 메이플시럽 / 토템 폴 —————————————————————— 48

📍**미국** 자유의 여신상 / 뉴욕 맨해튼 / 러시모어 산 —————————————— 52

📍**멕시코** 엘 카스티요 / 마리아치 / 멕시코 예술 궁전 ———————————— 58

📍**브라질** 브라질 예수상 / 브라질리아 대성당 / 리우 카니발 —————— 62

📍**오스트레일리아** 캥거루와 코알라 / 오페라 하우스 / 하버 브리지 ———— 66

📍**타이** 왓 아룬 / 왓 프라깨오 / 뚝뚝 —————————————————————————— 70

📍**인도** 타지마할 / 붉은 요새 / 연꽃 사원 —————————————————————— 74

📍**중국** 자금성 / 만리장성 —————————————————————————————————— 78

📍**일본** 도쿄 타워 / 마네키네코 / 히메지 성 ———————————————————— 82

📍**대한민국** 경복궁 / 한복 / 다보탑 / 충무공 이순신 동상 / 롯데월드 타워 ———— 86

영국
United Kingdom

수도 런던

최초로 산업 혁명이 일어난 섬나라로, 잉글랜드 · 스코틀랜드 · 웨일스 · 북아일랜드로 나뉘어요.
국기는 잉글랜드 · 스코틀랜드 · 아일랜드의 기를 조합하여 만들었으며 '유니언 잭'이라고 해요.

빅 벤

영국의 국회 의사당인 웨스트민스터 궁전의 시계탑이에요.
세계에서 가장 큰 시계가 달려 있어요.

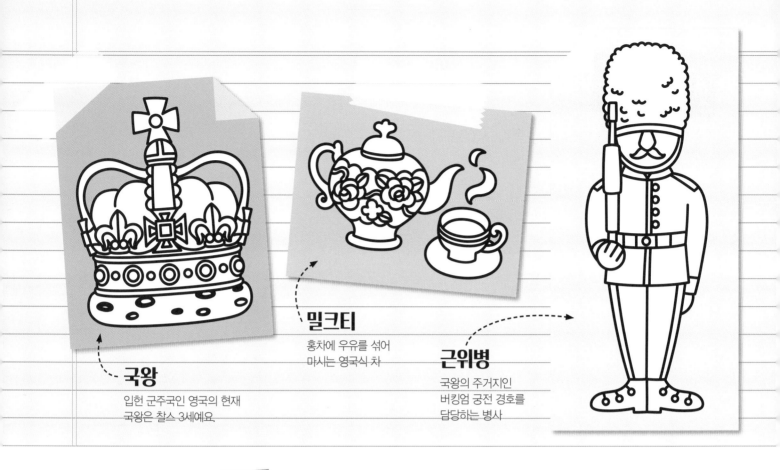

국왕
입헌 군주국인 영국의 현재
국왕은 찰스 3세예요.

밀크티
홍차에 우유를 섞어
마시는 영국식 차

근위병
국왕의 주거지인
버킹엄 궁전 경호를
담당하는 병사

타워 브리지

런던의 템스강에 놓인 독특한 디자인의 다리예요.
큰 배가 지나갈 때 가운데가 열려요.

이층 버스

런던에는 빨간 이층 버스가 비좁은 도로를 달려요.

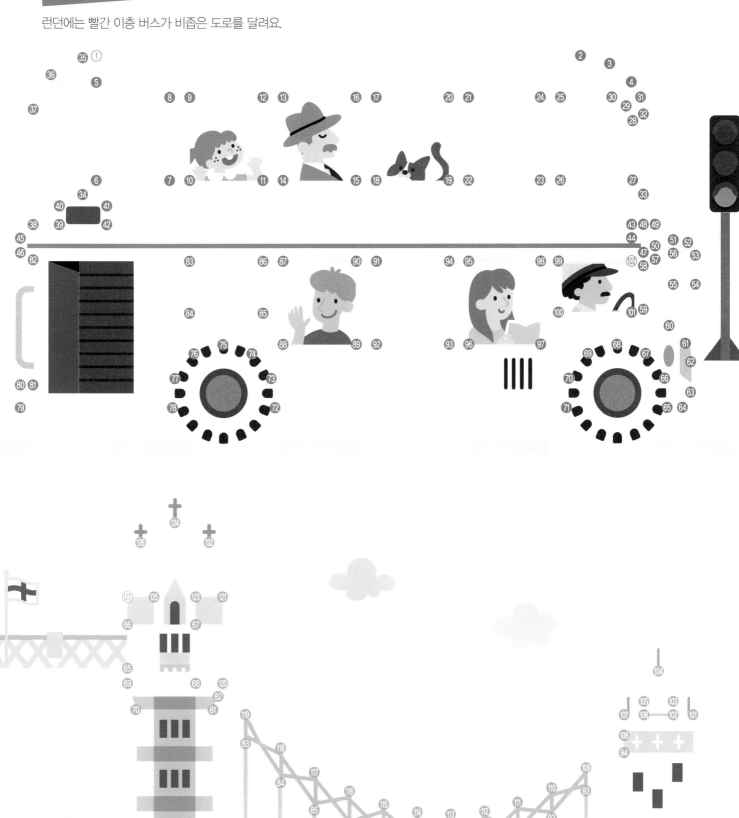

독일
Germany

수도 베를린

유럽 최대의 경제 대국으로, 동서로 나뉘었다 통일되었어요. 국기는 나폴레옹 군대에 맞서 나라를 지킨 학생 단체 복장에서 유래했는데, 검정은 근면과 힘, 빨강은 열정, 노랑은 명예를 상징해요.

쾰른 대성당

뽀족한 첨탑이 솟아 있는 쾰른 대성당은 고딕 양식의 걸작으로 손꼽혀요.

프레츨
꼬불꼬불 하트 모양으로 생긴
독일의 전통 빵

맥주
매년 맥주 축제를 열 만큼
즐겨 마시는 술이에요.

소시지
다져서 양념한 고기로 만든
독일 대표 음식

브란덴부르크 문

베를린에 위치한 독일 통일을 상징하는 문이에요.
꼭대기에 4마리의 말이 끄는 마차에 탄 여신상이 있어요.

노이슈반슈타인 성

바이에른에 있는 아름다운 성으로 '백조의 성'으로 불려요.
디즈니랜드 성의 모티브이기도 해요.

★이탈리아★
Italy

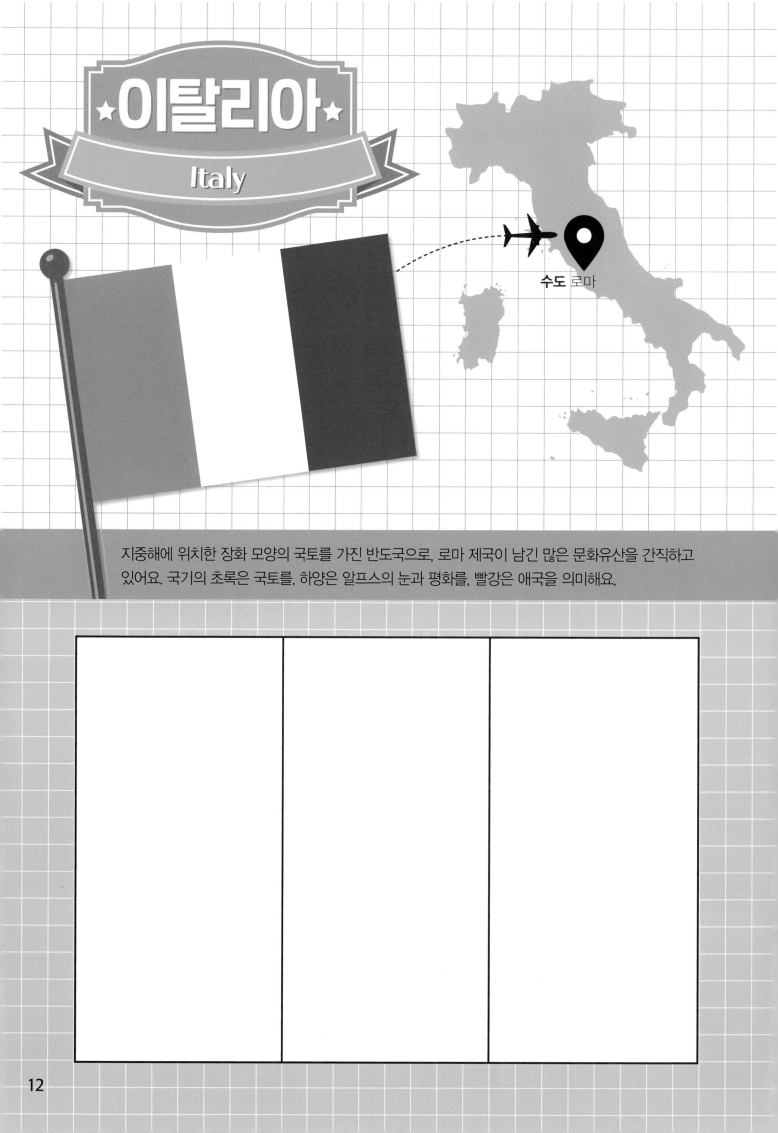

수도 로마

지중해에 위치한 장화 모양의 국토를 가진 반도국으로, 로마 제국이 남긴 많은 문화유산을 간직하고 있어요. 국기의 초록은 국토를, 하양은 알프스의 눈과 평화를, 빨강은 애국을 의미해요.

피사의 사탑

피사 대성당에 있는 종탑이에요. 탑을 만들 때
지반이 가라앉아 5도 정도 기울어 있어요.

산타 마리아 델 피오레 대성당

피렌체에 있는 커다란 돔이 인상적인 성당이에요. '두오모', '피렌체 대성당'으로도 불려요.

수상 도시인 베네치아의 운하를 다니는 배예요.
곤돌라는 베네치아의 중요한 교통수단이랍니다.

15

콜로세움

로마에 있는 원형 경기장이에요. 고대 로마 시대에 이곳에서
검투사 시합, 맹수 사냥 시합 등이 열렸어요.

피자
남부 나폴리에서 유래한
이탈리아를 대표하는 음식

베네치아 카니발
가면을 쓰고 거리를 누비는
베네치아의 축제

파스타
이탈리아를 대표하는 음식이자
주식인 면 요리

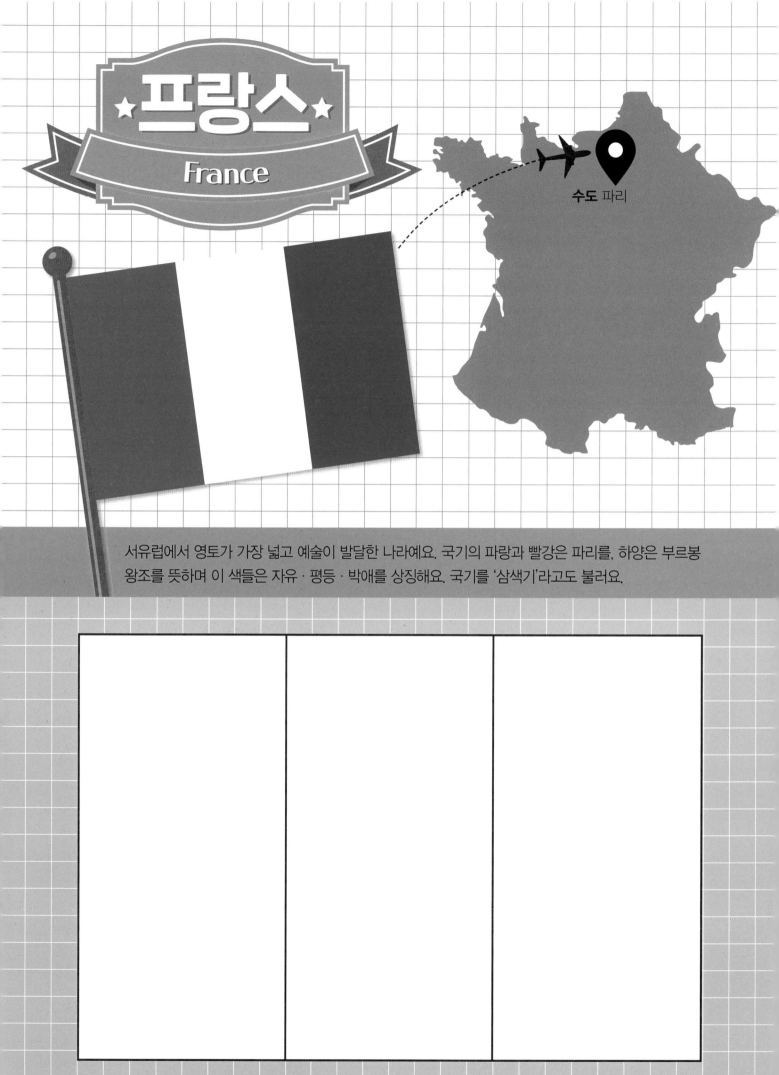

프랑스

France

수도 파리

서유럽에서 영토가 가장 넓고 예술이 발달한 나라예요. 국기의 파랑과 빨강은 파리를, 하양은 부르봉 왕조를 뜻하며 이 색들은 자유·평등·박애를 상징해요. 국기를 '삼색기'라고도 불러요.

에펠 탑

파리에 있는 300m 높이의 거대한 철탑이에요.
탑 꼭대기에 올라가면 파리 시내가 한눈에 보여요.

바게트
긴 막대기 모양의
프랑스 빵

에스카르고
프랑스의 대표적인 달팽이 요리

수탉
'갈리아의 닭'으로 불리는
프랑스의 국조

루브르 박물관

루브르 궁전을 개조해 만든 박물관이에요.
전 세계 유명 예술 작품과 유물을 볼 수 있어요.

모나리자

레오나르도 다빈치의 대표 작품으로, 루브르 박물관에 전시되어 있어요.

에투알 개선문

나폴레옹의 전쟁 승리를 기념하여 만든 건축물이에요.

★에스파냐★
España

수도 마드리드

한때 무적함대라 불릴 만큼 강력한 해군을 가진 해상 강국이었어요. 국기의 노랑은 국토를, 빨강은 피를 나타내며, 문장은 이 나라의 토대가 된 다섯 왕국과 현 왕가의 문장을 조합했어요.

사그라다 파밀리아 대성당

바르셀로나에 위치한 성당으로, 건축가 가우디가 설계했어요.
1882년부터 지금까지 140년 넘게 짓고 있어요.

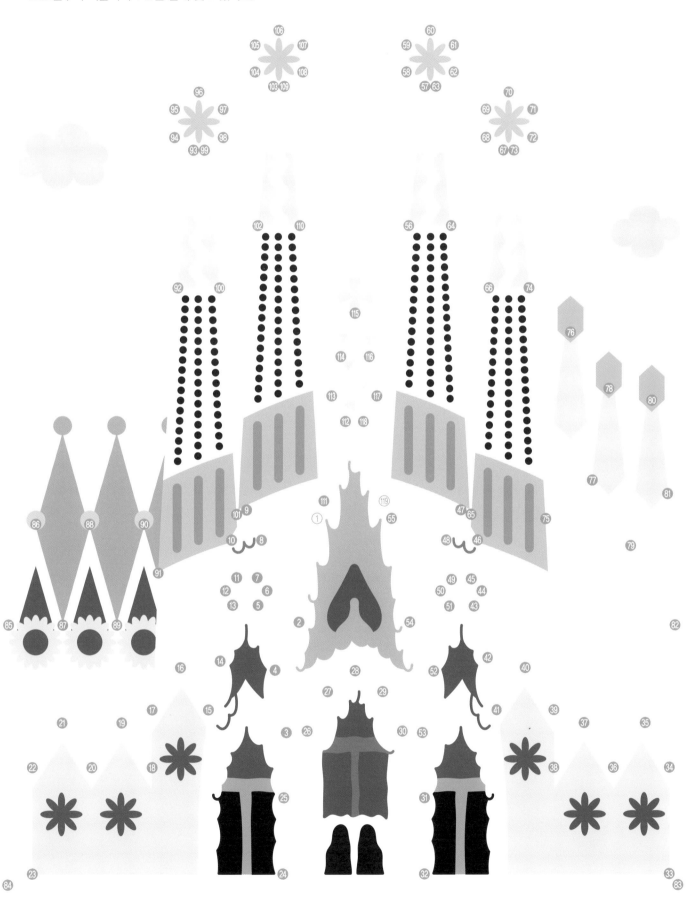

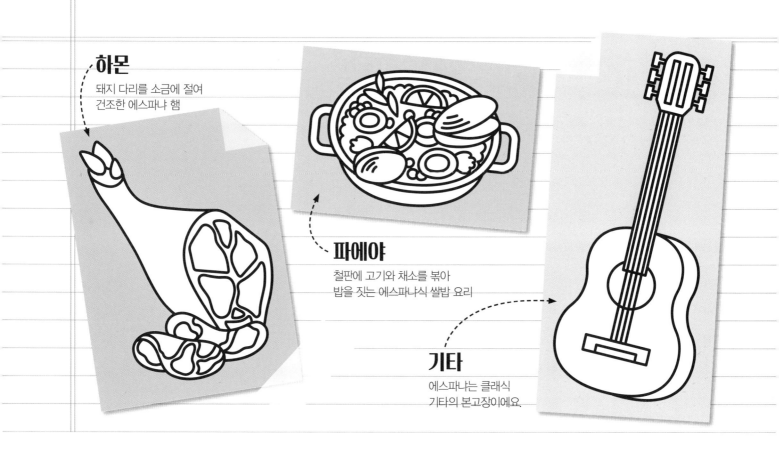

하몬
돼지 다리를 소금에 절여
건조한 에스파냐 햄

파에야
철판에 고기와 채소를 볶아
밥을 짓는 에스파냐식 쌀밥 요리

기타
에스파냐는 클래식
기타의 본고장이에요.

투우

투우사가 붉은 천을 흔들어 소와 싸움을 벌이는 경기예요.

플라멩코

남부 안달루시아의 전통 춤과 음악이에요.
손뼉과 발을 구르는 격렬한 동작이 특징이에요.

그리스
Greece

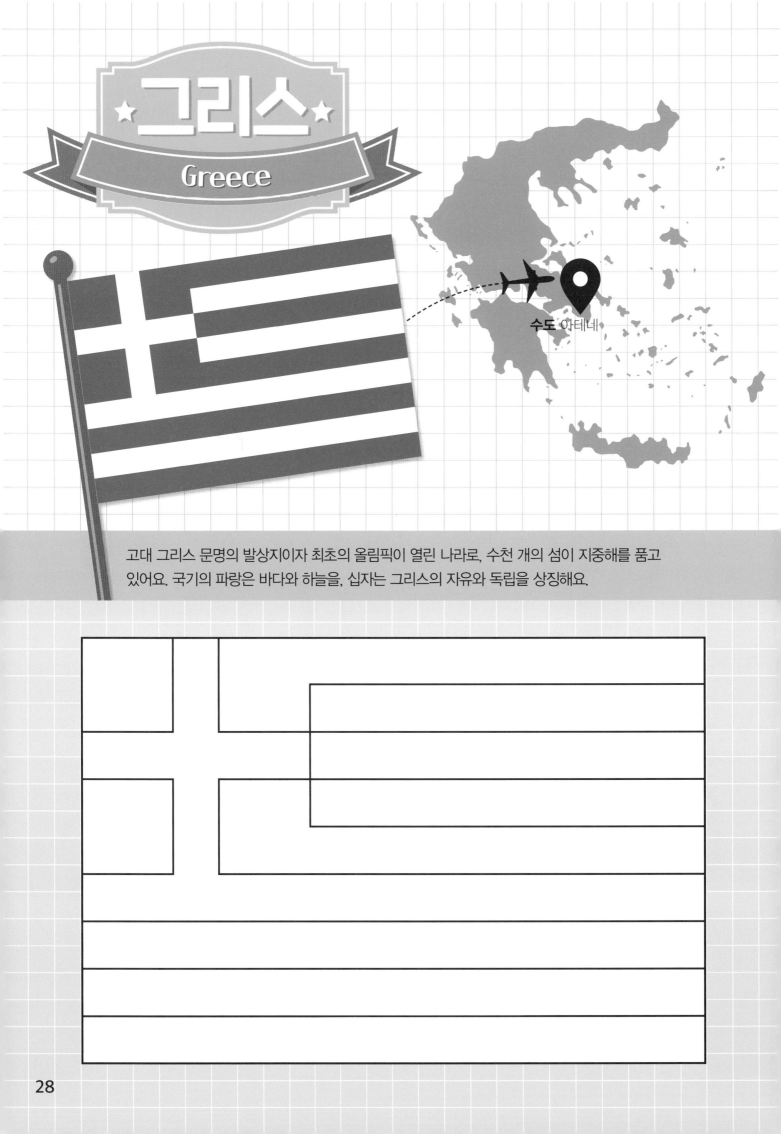

수도 아테네

고대 그리스 문명의 발상지이자 최초의 올림픽이 열린 나라로, 수천 개의 섬이 지중해를 품고 있어요. 국기의 파랑은 바다와 하늘을, 십자는 그리스의 자유와 독립을 상징해요.

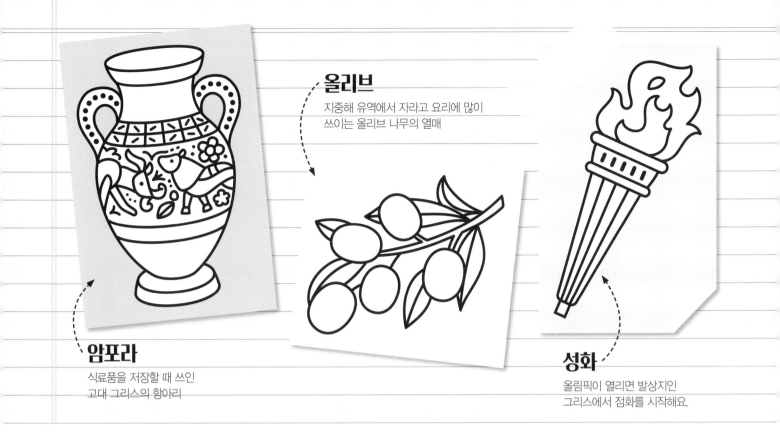

올리브

지중해 유역에서 자라고 요리에 많이
쓰이는 올리브 나무의 열매

암포라

식료품을 저장할 때 쓰인
고대 그리스의 항아리

성화

올림픽이 열리면 발상지인
그리스에서 점화를 시작해요.

파르테논 신전

아테네 아크로폴리스에 있는 대리석 건축물이에요.
아테네의 수호신 아테나를 모신 신전이지요.

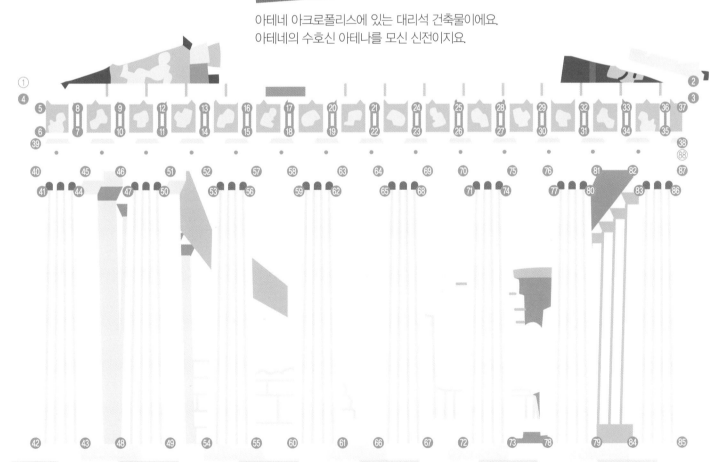

산토리니 섬

에게해 남쪽에 있는 섬이에요. 암석을 잘라 만든
흰 벽에 파란 지붕을 한 집들이 늘어서 있어요.

31

★핀란드★
Finland

수도 헬싱키

세계에서 행복 지수가 가장 높은 나라 중 하나예요. 호수가 많고 숲이 풍부해 목재를 활용한 용품이 발달했어요. 국기의 파랑은 호수를, 하양은 눈을, 십자가는 스칸디나비아의 일원임을 상징해요.

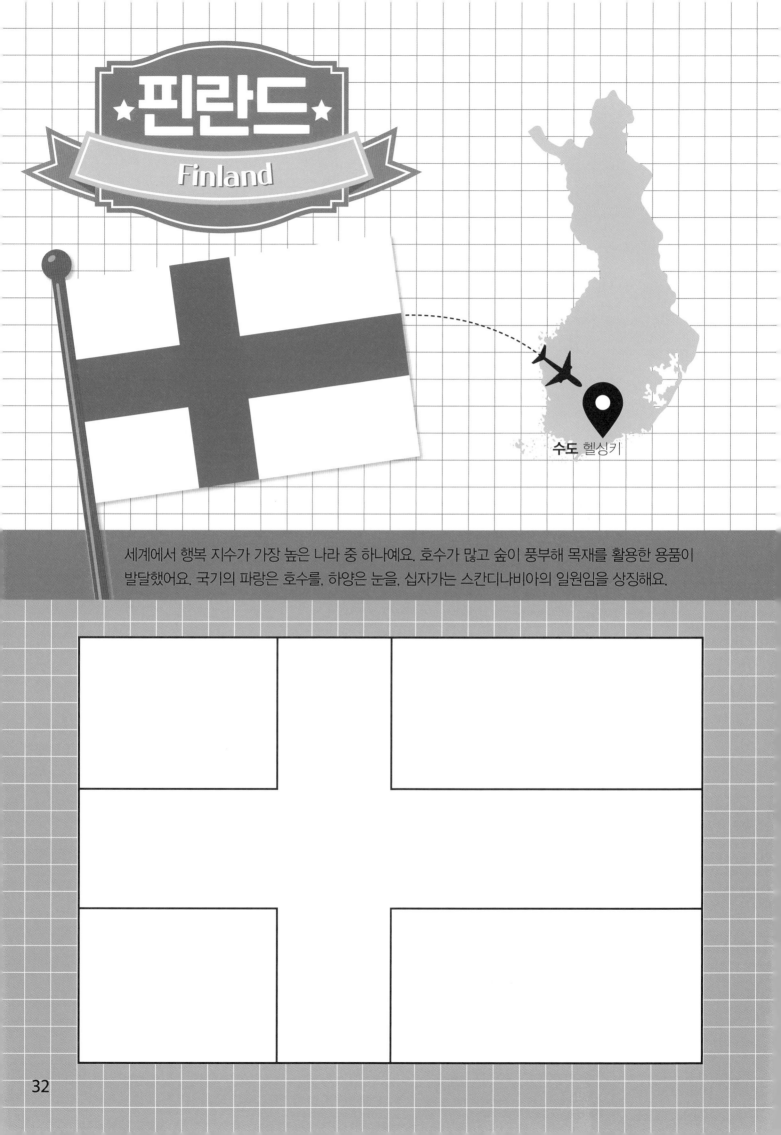

우스펜스키 성당

헬싱키에 있는 동방 정교회 성당이에요. 언덕 위에
우뚝 솟아 있어 멀리서도 성당의 돔과 십자가가 보여요.

사우나
집집마다 있는 핀란드의
대표 목욕 문화

순록
유라시아의 추운 지방에 살며
루돌프로 친숙한 동물

자일리톨
충치 예방 효과가 있는
천연 감미료

34

산타클로스 마을

산타클로스의 공식 고향인 로바니에미에 있는 마을이에요.
일 년 내내 산타클로스를 만날 수 있어요.

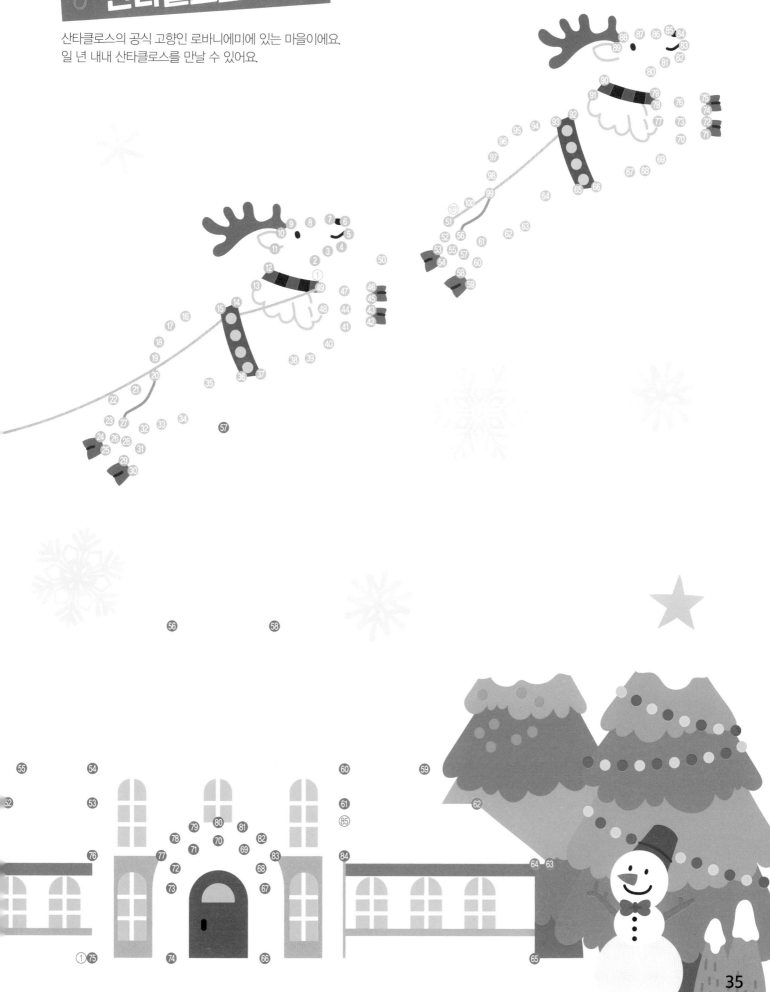

★러시아★
Russia

수도 모스크바

세계에서 가장 영토가 넓은 나라이자 세계 최대 천연가스 매장국이에요. 국기의 하양은
고귀함 · 진실 · 자유 · 독립을, 파랑은 정직 · 헌신 · 순수를, 빨강은 용기 · 지혜 · 희생을 나타내요.

성 바실리 성당

모스크바 붉은 광장에 위치한 러시아 정교회 성당이에요.
선명한 색채의 양파 모양 지붕이 돋보이는 건축물이에요.

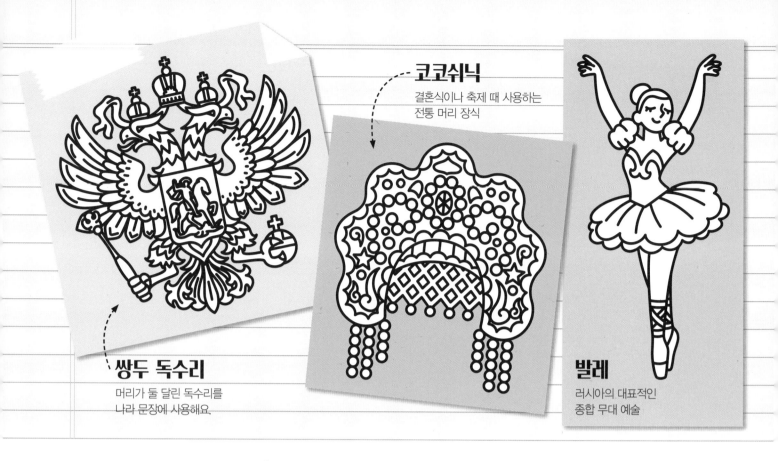

코코쉬닉
결혼식이나 축제 때 사용하는
전통 머리 장식

쌍두 독수리
머리가 둘 달린 독수리를
나라 문장에 사용해요.

발레
러시아의 대표적인
종합 무대 예술

볼쇼이 극장

모스크바에 있는 발레와 오페라 공연을 하는 상설 극장이에요.
이 극장 소속의 볼쇼이 발레단은 세계 발레를 주도한답니다.

마트료시카

나무로 만든 러시아 전통 인형이에요. 인형 안에
크기가 더 작은 인형이 반복되어 들어가요.

튀르키예
Türkiye

수도 앙카라

유럽과 아시아의 경계에 위치해 두 대륙의 문화적 특징을 모두 가진 나라예요. 국기의 초승달과 별은 이슬람의 상징이며, 미래를 향한 전진과 튀르키예 국민의 단결을 뜻합니다.

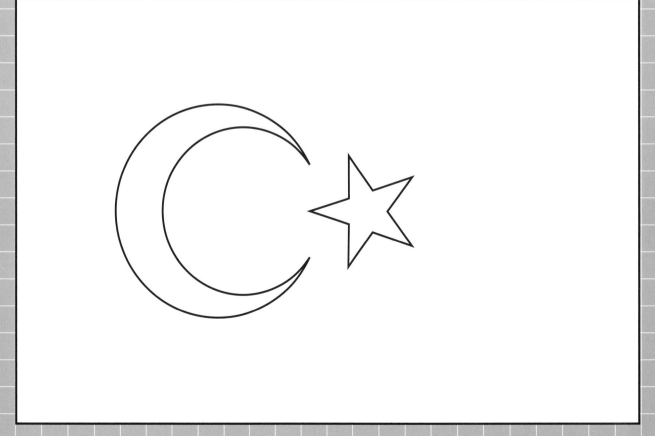

카파도키아 바위 유적

튀르키예 중부에 있는 유적지예요. 침식으로 생긴 신비한
모양의 바위가 펼쳐져 있으며 열기구 관광이 유명해요.

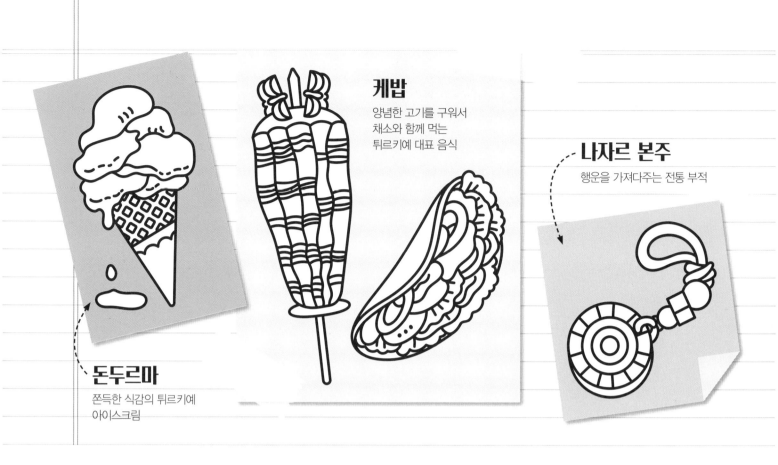

케밥
양념한 고기를 구워서
채소와 함께 먹는
튀르키예 대표 음식

나자르 본주
행운을 가져다주는 전통 부적

돈두르마
쫀득한 식감의 튀르키예
아이스크림

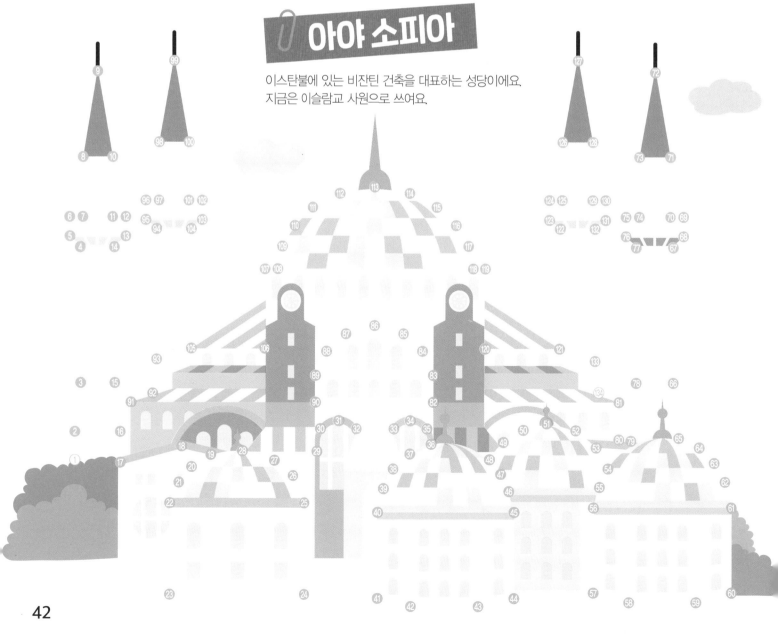

아야 소피아

이스탄불에 있는 비잔틴 건축을 대표하는 성당이에요.
지금은 이슬람교 사원으로 쓰여요.

트로이 목마

트로이 전쟁 때 그리스 병사들이 목마 안에 숨어 들어가 전쟁을
승리로 이끌었다는 목마예요. 트로이는 튀르키예의 지명이에요.

★이집트★

Egypt

수도 카이로

피라미드

돌이나 벽돌을 사각뿔 모양으로 쌓아 만든 고대 이집트 왕들의 무덤이에요.
피라미드는 현존하는 세계 7대 불가사의 중 하나랍니다.

스핑크스

사람의 머리에 사자 몸을 하고 있는 높이 20m의
거대한 석상이에요. 왕의 권력을 상징해요.

아누비스
사람 몸에 동물 머리를 하고 있는
고대 이집트 신화의 신

탄누라
형형색색의 치마를 겹쳐 입고 추는
이집트의 전통 춤

투탕카멘의 황금 마스크
'왕가의 계곡'에서 발견된
소년 파라오 투탕카멘의 황금 마스크

낙타

사막을 다니는 데 사용하는 중요한 교통수단이에요.

캐나다

Canada

수도 오타와

러시아에 이어 세계에서 두 번째로 넓은 나라로, 자원이 풍부하고 천혜의 자연 환경을 가졌어요.
국기의 양쪽 빨강은 태평양과 대서양, 가운데 하양은 눈 덮인 땅, 빨간 단풍잎은 캐나다를 상징해요.

CN 타워

토론토에 있는 약 550m 높이의 송신탑이에요.
전망대에 오르면 토론토 시내를 한눈에 볼 수 있어요.

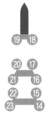

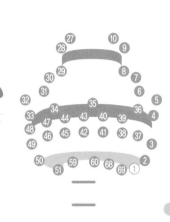

49

아이스하키
캐나다는 아이스하키의
종주국이에요.

비버
노 모양의 꼬리를 가진 비버는 댐을
만드는 습성이 있어요.

불곰
캐나다 북부에 서식하는 야생 곰

메이플시럽

사탕단풍의 수액을 끓이고 졸여 만든 시럽이에요.
주로 팬케이크나 와플에 뿌려 먹어요.

원주민들이 집 앞이나 묘지 등에 세운
목조 기둥이에요. 부족의 정체성을 담고 있어요.

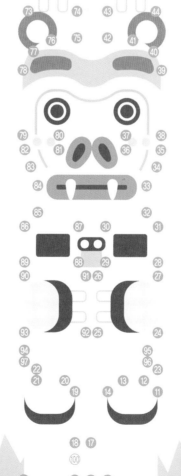

★미국★
United States of America

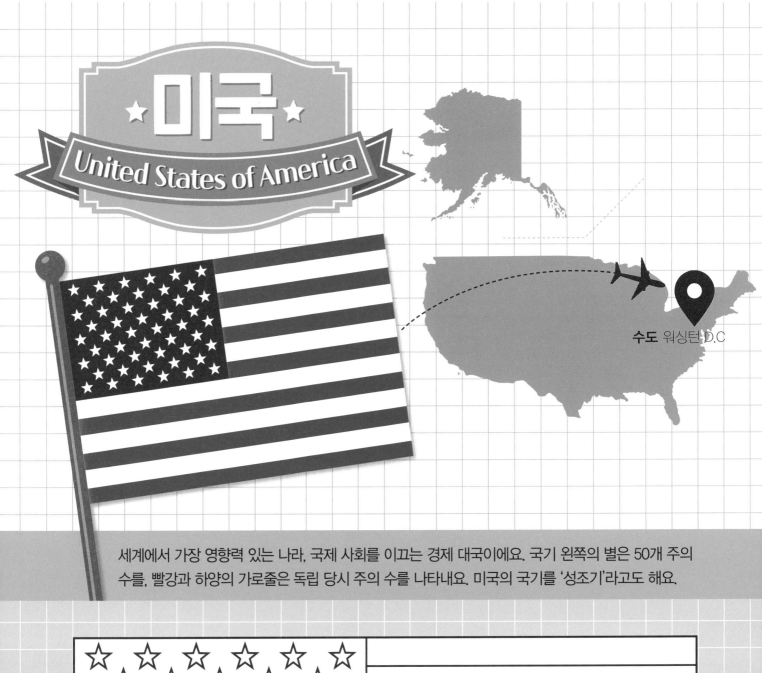

수도 워싱턴 D.C

세계에서 가장 영향력 있는 나라, 국제 사회를 이끄는 경제 대국이에요. 국기 왼쪽의 별은 50개 주의 수를, 빨강과 하양의 가로줄은 독립 당시 주의 수를 나타내요. 미국의 국기를 '성조기'라고도 해요.

자유의 여신상

독립 100주년을 기념하여 프랑스가 선물한 거대한 여신상이에요.
오른손에는 횃불을, 왼손에는 독립 선언서를 들고 있어요.

뉴욕 맨해튼

높은 빌딩들이 즐비한 뉴욕 중심부의 맨해튼은
전 세계 상업, 금융, 무역, 문화의 중심지예요.

러시모어 산

사우스다코타주의 바위산에는 미국을 빛낸 4명의 대통령이 조각되어 있어요.
왼쪽부터 순서대로 워싱턴, 제퍼슨, 루스벨트, 링컨 대통령이에요.

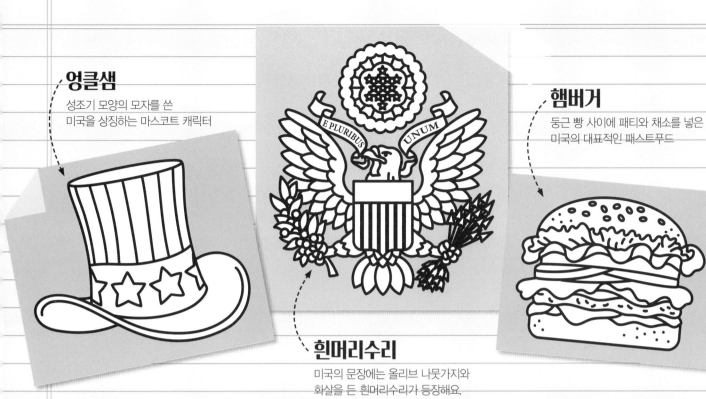

엉클샘
성조기 모양의 모자를 쓴
미국을 상징하는 마스코트 캐릭터

햄버거
둥근 빵 사이에 패티와 채소를 넣은
미국의 대표적인 패스트푸드

흰머리수리
미국의 문장에는 올리브 나뭇가지와
화살을 든 흰머리수리가 등장해요.

E PLURIBUS UNUM

멕시코
Mexico

수도 멕시코시티

마야, 톨텍, 아즈텍 등 고대 문명의 흔적들이 남아 있어 다양한 유적을 볼 수 있는 나라예요. 국기 가운데에 뱀을 문 독수리가 선인장 위에 앉아 있는데, 이는 아즈텍 문명의 전설을 담고 있어요.

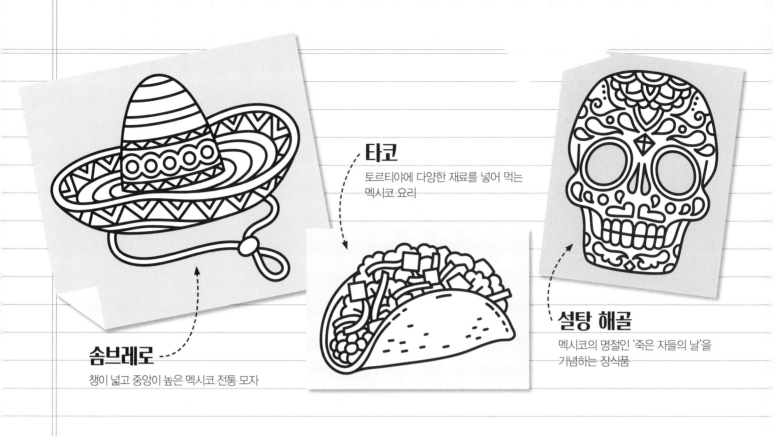

타코
토르티야에 다양한 재료를 넣어 먹는
멕시코 요리

솜브레로
챙이 넓고 중앙이 높은 멕시코 전통 모자

설탕 해골
멕시코의 명절인 '죽은 자들의 날'을
기념하는 장식품

엘 카스티요

마야 문명의 고대 도시이자 유적지인 치첸이트사의
신전으로 피라미드를 닮았어요.

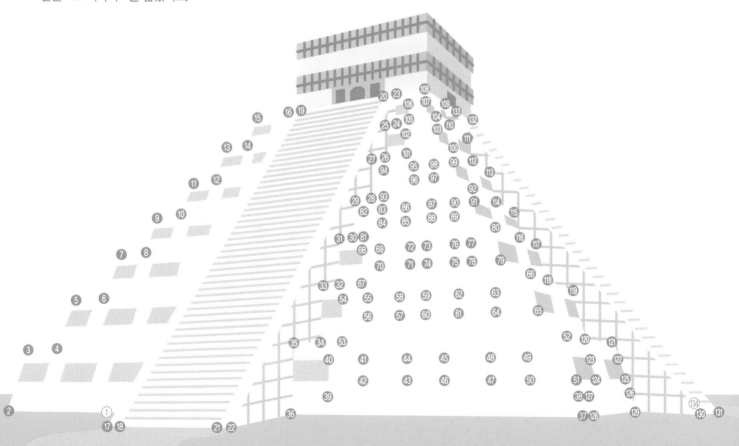

마리아치

솜브레로를 쓰고 악기를 연주하며 노래를 부르는 멕시코 전통 음악 장르예요.

멕시코 예술 궁전

멕시코 독립 100주년을 기념해 개관한 궁전이에요.
안에는 공연장과 박물관이 있어요.

PALACIO DE BELLAS ARTES

브라질

Brazil

수도 브라질리아

남아메리카에서 가장 넓은 영토를 가진 나라로, 지구의 허파라 불리는 아마존 열대 우림이 있어요.
국기의 초록은 농업, 노랑은 광물 자원, 파랑은 하늘을 나타내요. 초록 글자는 '질서와 진보'예요.

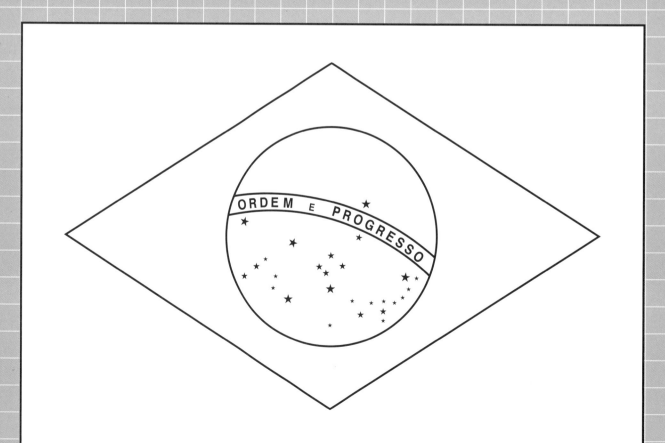

ORDEM E PROGRESSO

브라질 예수상

리우데자네이루 코르코바두 산 정상에는 그리스도가
두 팔을 벌린 거대한 석상이 있어요.

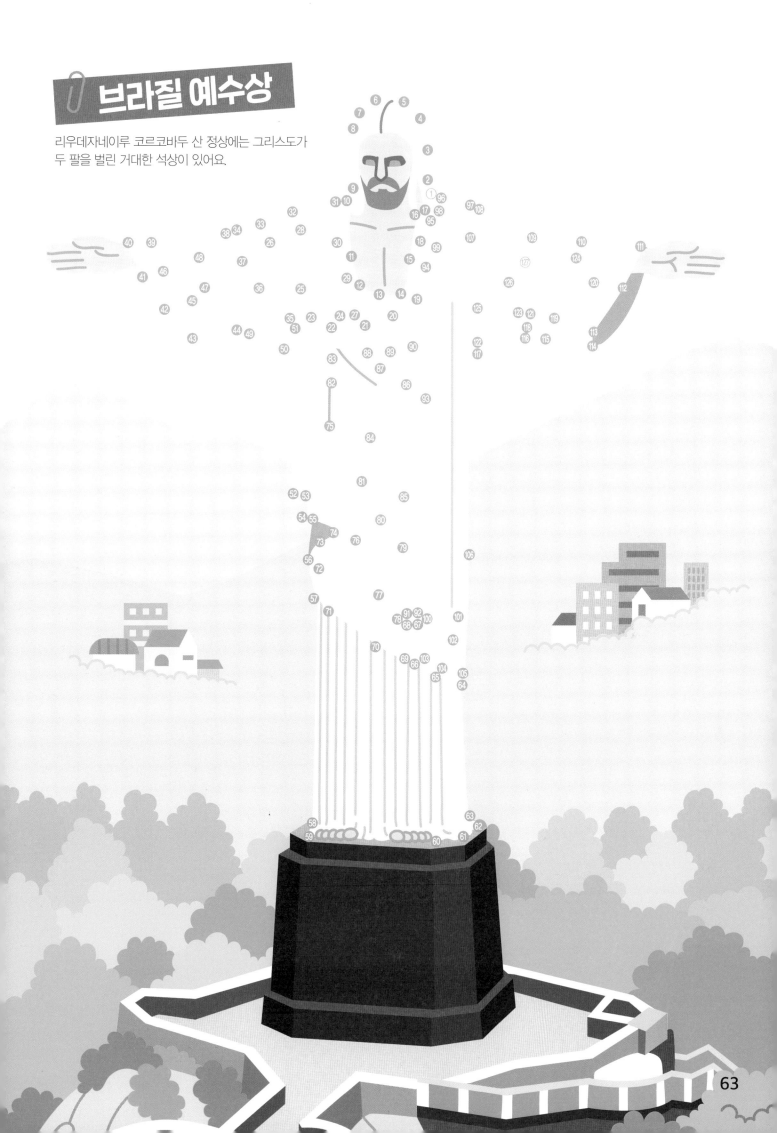

축구

브라질은 유명한 축구 선수를 많이 배출한
축구 강국이에요.

토코투칸

부리가 몸의 1/3을 차지하는
브라질의 국조

카포에이라

춤과 음악, 체조가 섞인
브라질의 전통 무술

브라질리아 대성당

브라질리아에 있는 거대한 왕관 모양의 성당이에요.
쌍곡면 양식의 대표 건축물이지요.

리우 카니발

리우데자네이루에서 열리는 세계적으로 유명한 축제예요.
신나는 음악과 삼바 퍼레이드가 축제를 화려하게 장식해요.

★오스트레일리아★
Australia

수도 캔버라

오세아니아 대륙 전체를 차지한 나라예요. 국기 왼쪽 위의 영국 국기는 영국 연방의 일원임을,
그 아래 7꼭지의 큰 별은 6개 주와 태즈메이니아섬을, 오른쪽 5개의 별은 남십자자리를 뜻해요.

캥거루와 코알라

오스트레일리아에서는 캥거루와 코알라를 야생에서 볼 수 있어요
고립된 대륙의 특성상 다양하고 신기한 생물들이 많답니다.

오페라 하우스

시드니에 있는 오페라 극장이에요.
조개 껍데기 모양이 바다와 조화를 이루어요.

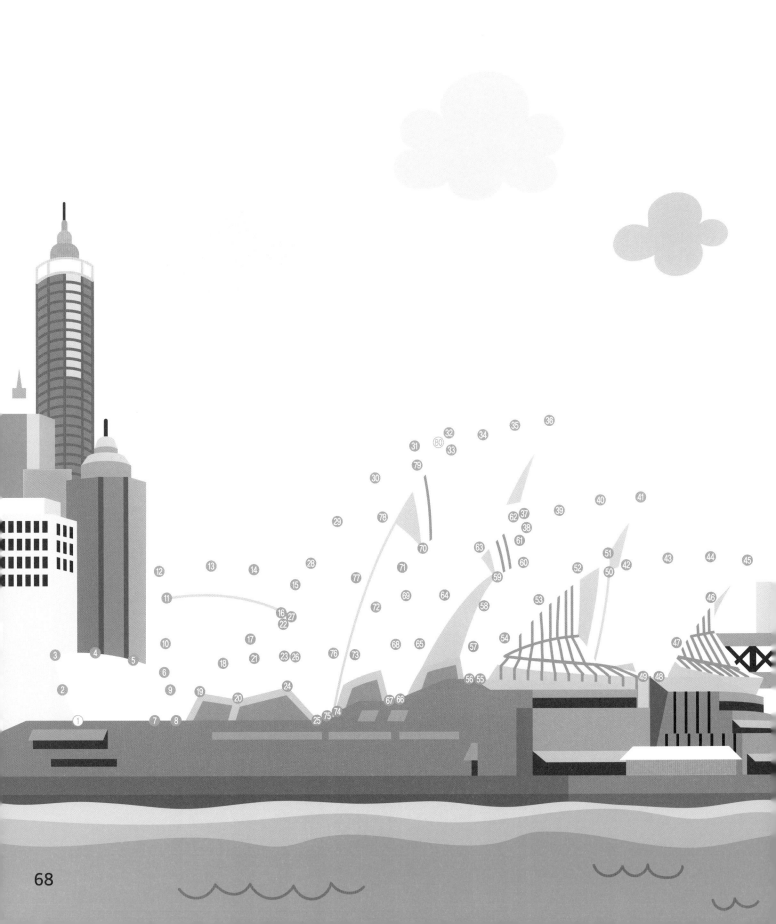

단백석
'오팔'이라 불리는
다채로운 색의 보석

에뮤
오스트레일리아에서만
서식하는 날지 못하는 새

디저리두
오스트레일리아 북부 지역 원주민들이
연주하는 전통 관악기

하버 브리지

시드니항을 가로지르는 철제 아치교예요.

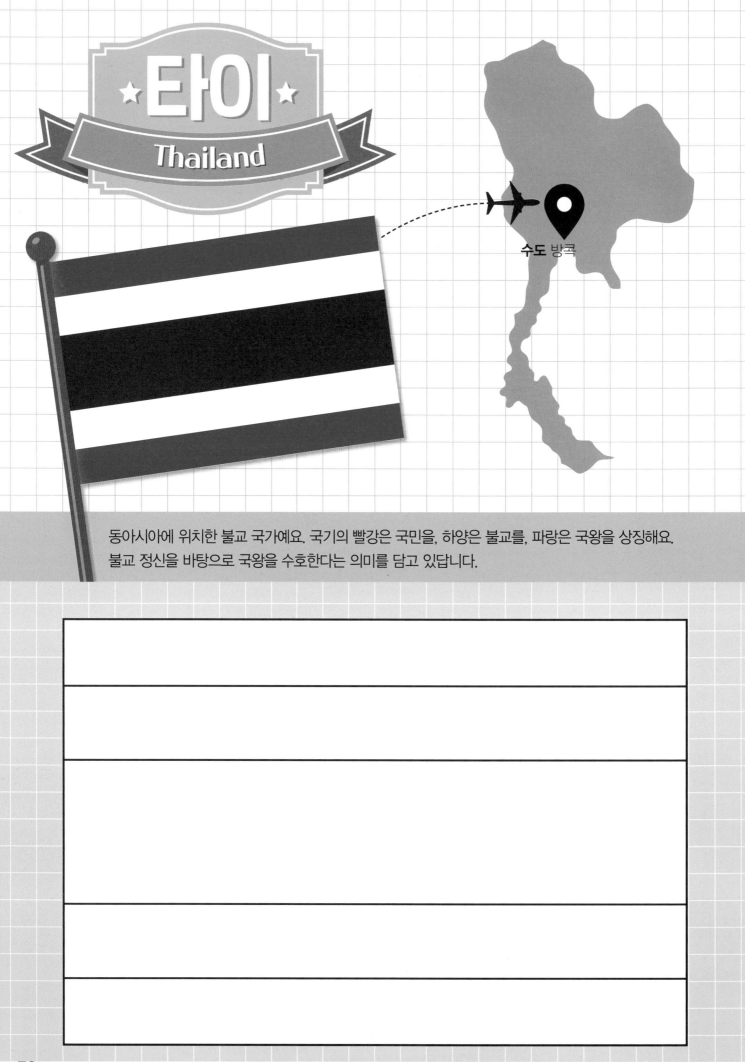

타이
Thailand

수도 방콕

동아시아에 위치한 불교 국가예요. 국기의 빨강은 국민을, 하양은 불교를, 파랑은 국왕을 상징해요.
불교 정신을 바탕으로 국왕을 수호한다는 의미를 담고 있답니다.

왓 아룬

'새벽 사원'이라는 뜻의 불교 사원이에요.
높이 솟은 탑이 햇빛을 받으면 무지갯빛을 내요.

71

왓 프라깨오

방콕에 있는 왕궁 안에 있는 왕실 사원이에요.
타이 불교의 상징인 에메랄드 불상이 안치되어 있어요.

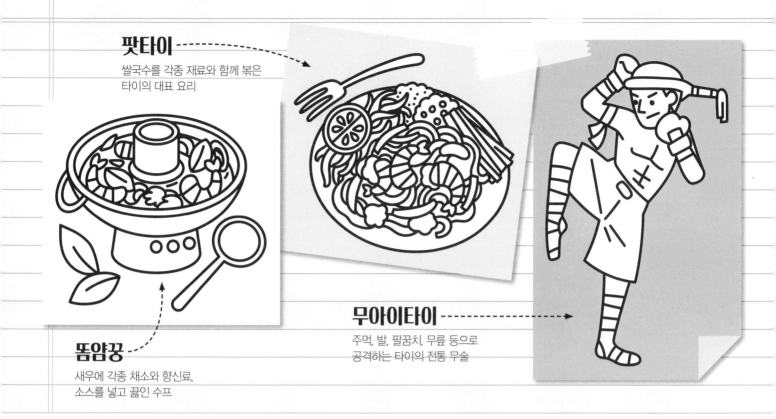

팟타이
쌀국수를 각종 재료와 함께 볶은
타이의 대표 요리

똠얌꿍
새우에 각종 채소와 향신료,
소스를 넣고 끓인 수프

무아이타이
주먹, 발, 팔꿈치, 무릎 등으로
공격하는 타이의 전통 무술

뚝뚝

주로 단거리를 이동할 때 사용하는 교통수단이에요. 소형 택시라고 할 수 있어요.

인도
India

수도 뉴델리

세계에서 인구가 가장 많은 나라이며 불교의 발상지예요. 국기의 주황은 용기와 힘을, 하양은 진실과 평화를, 초록은 성장과 번영이나 땅의 비옥함을 뜻하며, 가운데 그림은 아소카 법륜을 나타내요.

타지마할

무굴 제국의 황제 샤자한이 왕비를 위해 만든 아름다운 묘예요.
태양이 비치는 각도에 따라 모습이 다양하게 변한답니다.

요가
자세와 호흡을 가다듬어 정신을
수련하는 인도의 수행법

카레와 난
전통 빵인 난과 카레는
인도의 대표 요리예요.

가네샤
코끼리 머리를 한
지혜와 행운의 신

붉은 요새

무굴 제국 시대의 황궁이자 요새예요.
샤자한이 전쟁을 대비해 만들었어요.

연꽃 사원

뉴델리에 위치한 바하이교 사원으로
연꽃이 반쯤 핀 모습이에요.

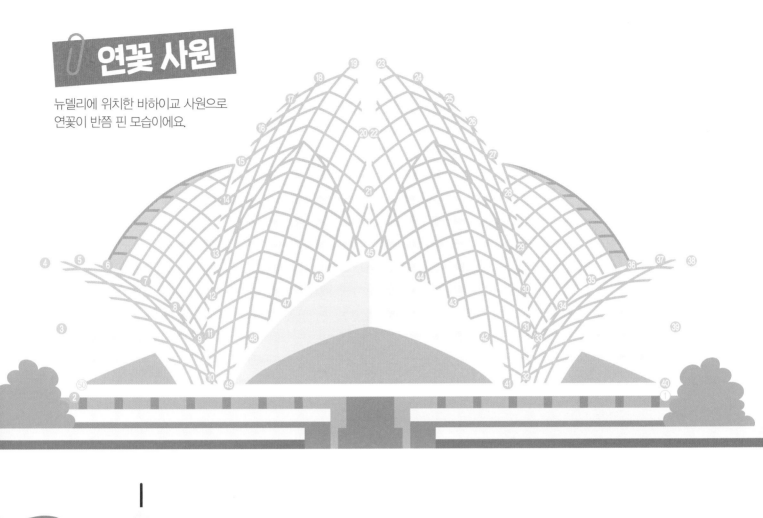

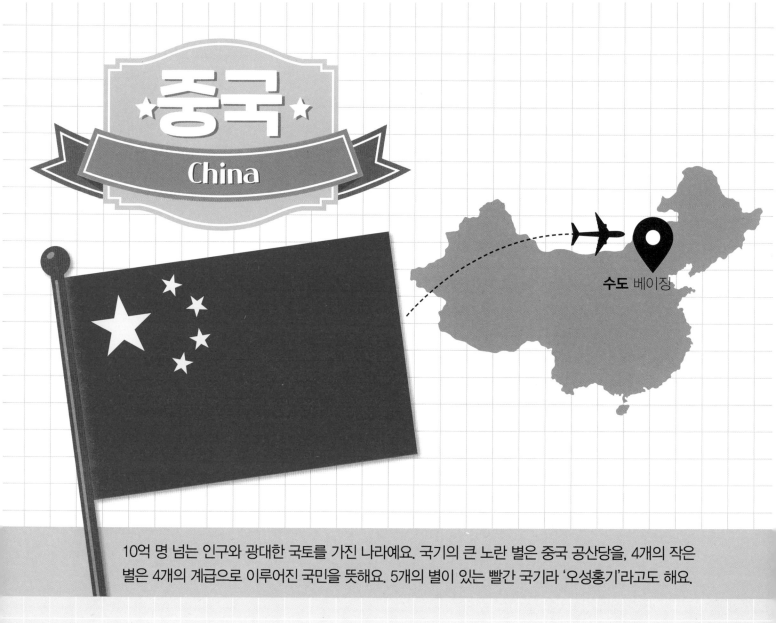

중국
China

10억 명 넘는 인구와 광대한 국토를 가진 나라예요. 국기의 큰 노란 별은 중국 공산당을, 4개의 작은 별은 4개의 계급으로 이루어진 국민을 뜻해요. 5개의 별이 있는 빨간 국기라 '오성홍기'라고도 해요.

수도 베이징

자금성

명·청 왕조의 황제가 살던 궁궐로, 현존하는 궁궐 중에서
규모가 가장 커요. 현재는 고궁 박물관으로 사용하고 있어요.

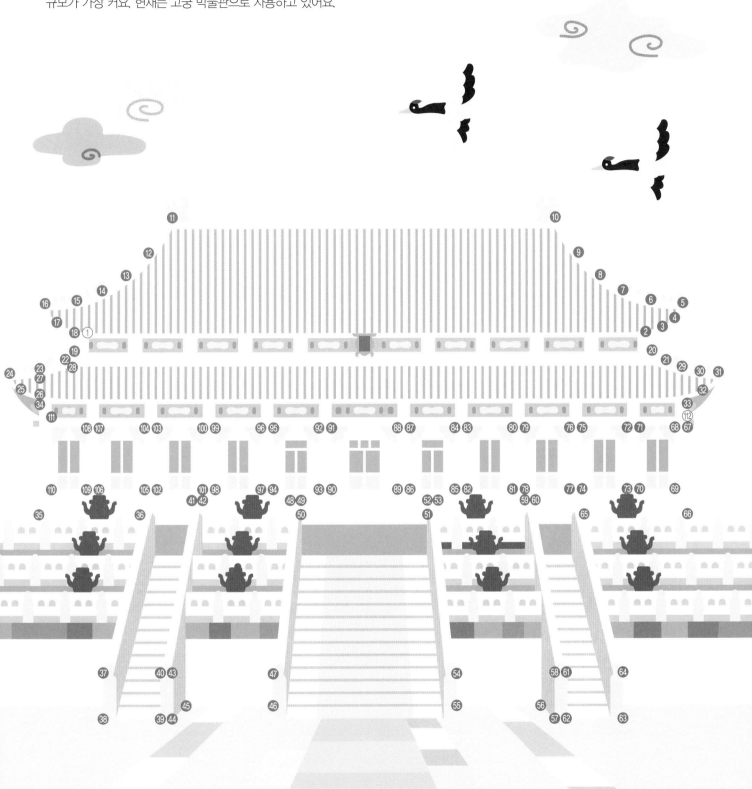

빠오즈
밀가루를 반죽해 소를
넣어 찐 중국 만두

대왕판다
대나무 숲에 서식하는
중국의 상징 동물

치파오
여성들이 입는 중국 전통 의상

만리장성

외부의 침략을 막기 위해 세운 세계에서 가장 긴 성벽이에요.
길이가 무려 6,000km가 넘는답니다.

일본

Japan

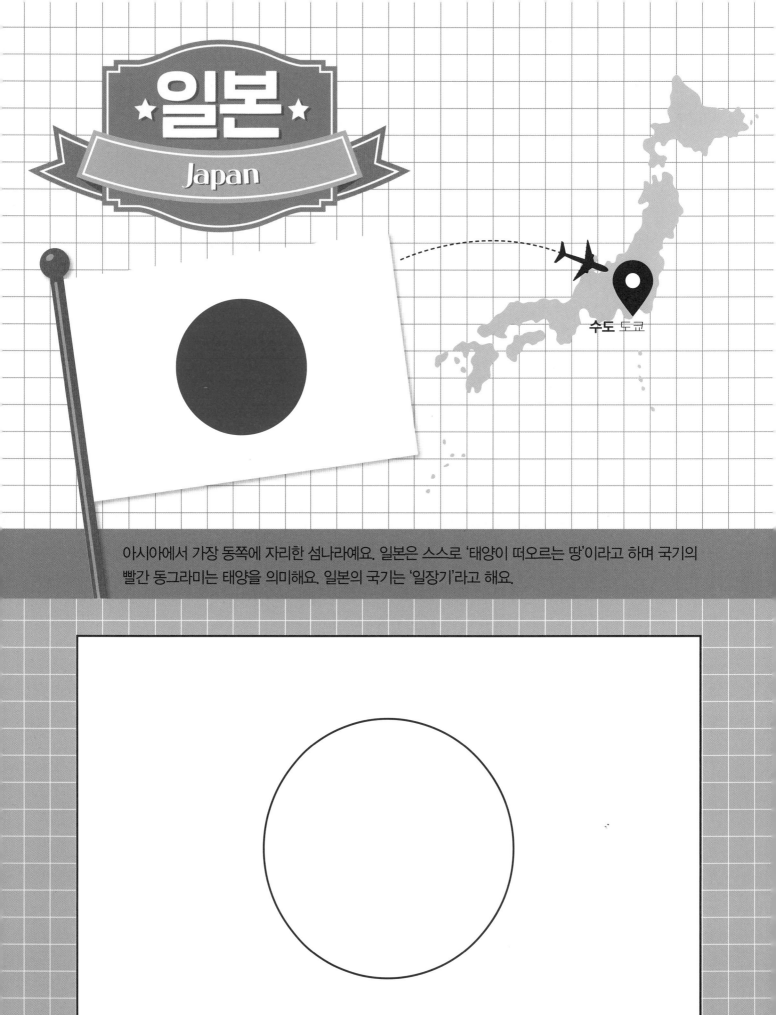

수도 도쿄

아시아에서 가장 동쪽에 자리한 섬나라예요. 일본은 스스로 '태양이 떠오르는 땅'이라고 하며 국기의 빨간 동그라미는 태양을 의미해요. 일본의 국기는 '일장기'라고 해요.

도쿄 타워

도쿄에 있는 종합 전파탑으로, 프랑스의 에펠 탑을 본떠
만들었어요. 전망대에선 도쿄 시내가 한눈에 보인답니다.

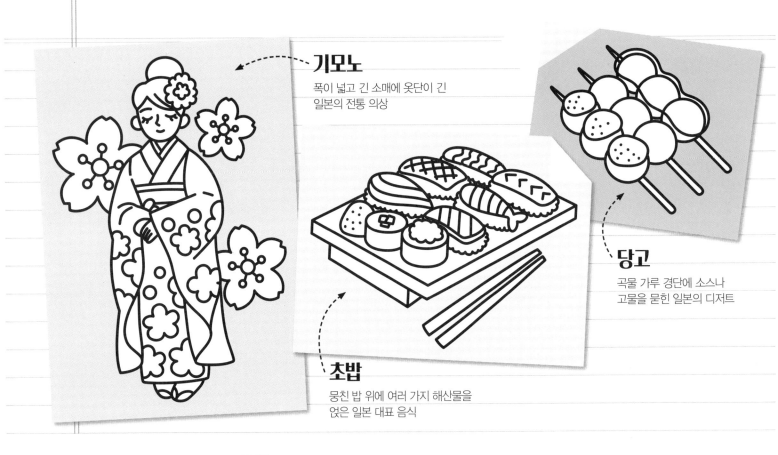

기모노
폭이 넓고 긴 소매에 옷단이 긴
일본의 전통 의상

당고
곡물 가루 경단에 소스나
고물을 묻힌 일본의 디저트

초밥
뭉친 밥 위에 여러 가지 해산물을
얹은 일본 대표 음식

마네키네코

고양이 모양의 장식물로 손님이나 돈을
부른다는 의미를 갖고 있어요.

히메지 성

히메지에 있는 목조 건축물이에요. 성의 하얀 벽과
날개 모양의 지붕이 백로와 닮아 '백로성'으로도 불러요.

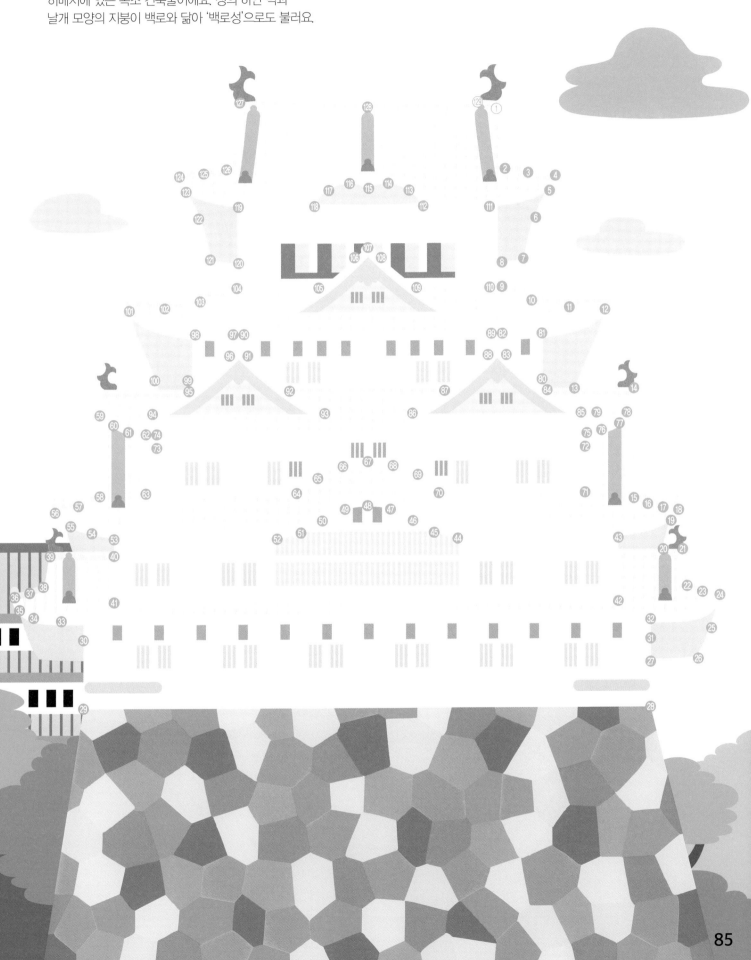

★대한민국★
Republic of Korea

수도 서울

아시아의 동쪽 한반도에 위치한 나라로, 대중문화의 강국으로 떠오르고 있어요. 국기의 태극 문양은 음과 양의 조화를, 4괘는 각각 하늘·땅·물·불을 뜻해요. 대한민국 국기는 '태극기'라고 불러요.

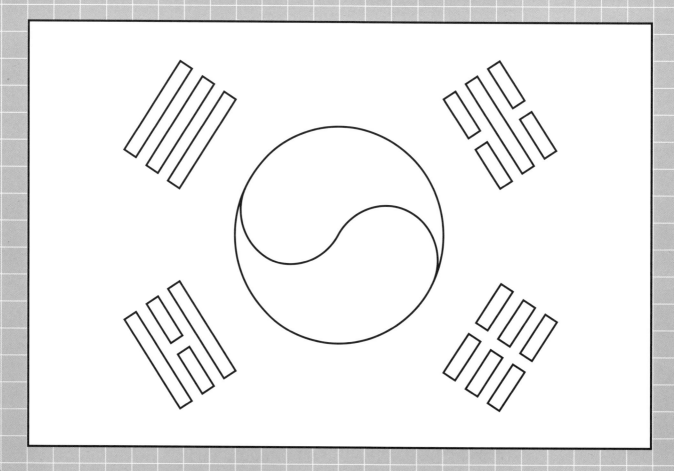

경복궁

조선 왕조의 법궁으로, 가장 먼저 지어진 궁궐이에요.
근정전에서 국가 의식을 거행하고 외국 사신을 맞았어요.

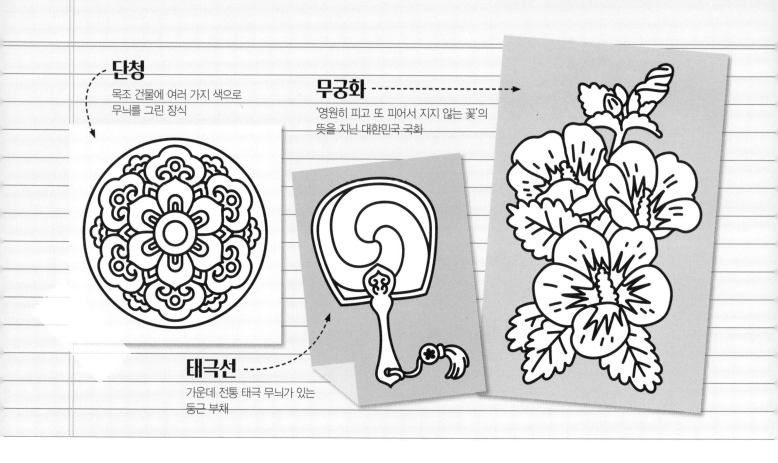

단청
목조 건물에 여러 가지 색으로
무늬를 그린 장식

무궁화
'영원히 피고 또 피어서 지지 않는 꽃'의
뜻을 지닌 대한민국 국화

태극선
가운데 전통 태극 무늬가 있는
둥근 부채

한복

직선과 곡선이 조화를 이루어 선이 아름다운 전통 의상이에요.

다보탑

경주 불국사에 있는 통일 신라 석조 미술의 백미를
보여 주는 탑이에요. 10원 동전의 앞면에 새겨져 있어요.

충무공 이순신 동상

임진왜란 때 왜군을 물리친 충무공 이순신 장군의 동상이에요.

롯데월드 타워

서울에 있는 123층의 초고층 건물이에요. 한국적 곡선의
미를 지닌 도자기와 붓의 모습을 건물에 담아냈어요.

정답

5쪽

6~7쪽

7쪽

9쪽

10쪽

11쪽

13쪽

14쪽

15쪽

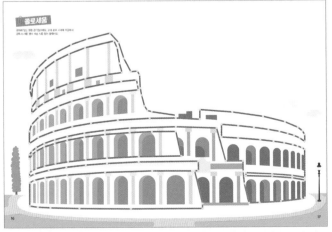

16~17쪽

19쪽

20~21쪽

22쪽

23쪽

25쪽

26쪽

27쪽

29쪽

30~31쪽

33쪽

34~35쪽

37쪽

38쪽

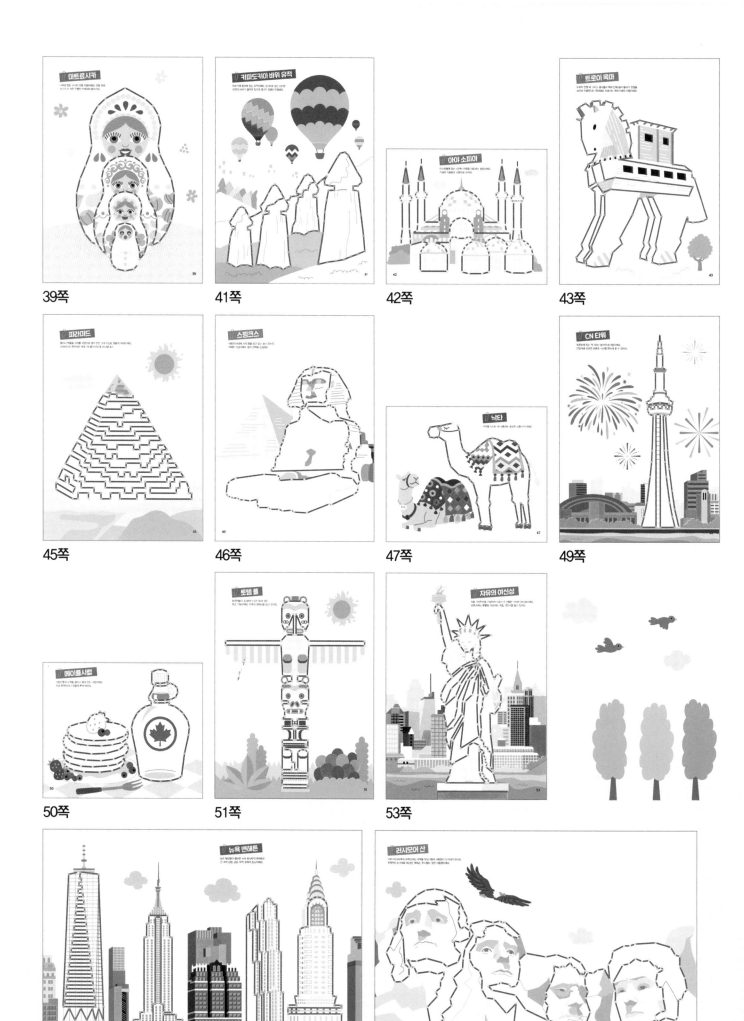

39쪽

41쪽

42쪽

43쪽

45쪽

46쪽

47쪽

49쪽

50쪽

51쪽

53쪽

54~55쪽

56~57쪽

59쪽

60쪽

61쪽

63쪽

64쪽

65쪽

67쪽

68쪽

69쪽

71쪽

72쪽

73쪽

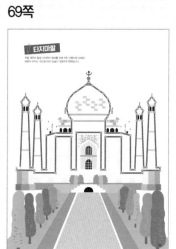

75쪽

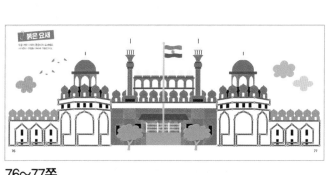

76~77쪽

77쪽

79쪽

80~81쪽

83쪽

84쪽

85쪽

87쪽

88쪽

89쪽

90쪽

91쪽